BIBLIOTHÈQUE L. CURMER.

ENSEIGNEMENT UNIVERSEL.

LEÇONS ÉLÉMENTAIRES

DE

SCIENCES NATURELLES

APPLIQUÉES A

L'HYGIÈNE,

PAR

M. Emm. LE MAOUT,

Docteur en Médecine,

Cours autorisé par M. le MINISTRE DE L'INSTRUCTION PUBLIQUE

Adopté par l'Association pour l'Éducation populaire.

10 centimes.

PARIS.

CURMER,

eu, 47, AU PREMIER.

1850

(2me Leçon)

Les Cours de **M. LE MAOUT** font partie des Lectures publiques du soir, instituées par le Ministre de l'instruction publique, et sont professés tous les Vendredis, à 8 heures précises du soir, au *Palais National, galerie de Nemours.*

L'entrée est publique et gratuite.

OUVRAGES ADOPTÉS PAR L'ASSOCIATION

POUR L'INSTRUCTION POPULAIRE.

18 — **Histoire de Marcillot,** par M. Clément d'ELBHE............................ 10 c.

19 — **Philippe le Batelier,** par le même. 10

2 — **Première lettre à mon ami Jacques. — Des Riches,** par M. Maurice BLOCK 10

20-21 — **Deuxième lettre à mon ami Jacques. — De l'Impôt,** par le même. 20

22-23 — **Troisième lettre à mon ami Jacques. — Le Budget,** par le même. 20

3-4 — **Manuel du Juré,** par M. BAROCHE, représentant du peuple............ 20

14-15 } **Instruction civique des Français,** par M. AMYOT, avocat à la
16-17 } Cour d'appel de Paris............ 40

24-25 — **Principes de Dessin linéaire et de Géométrie pratique,** par M. JACQUE, directeur de l'école élémentaire de Châlon-sur-Saône.... 20

26-27-28 — **Éléments d'Histoire universelle,** par M. A. MACÉ, professeur d'histoire à la Faculté des lettres de Grenoble............ 30

31-32 — **Bienfaits de l'Épargne,** par madame RUCK............ 20

29-30 — **Devoir et Bonheur,** par M. RUCK, inspecteur de l'instruction primaire 20

BIBLIOTHÈQUE L. CURMER.

ENSEIGNEMENT UNIVERSEL

LEÇONS ÉLÉMENTAIRES

DE

SCIENCES NATURELLES

APPLIQUÉES A

L'HYGIÈNE,

PAR

M. Emm. LE MAOUT,

Docteur en Médecine.

La Science est l'amie de tous.

PLATON.

DEUXIÈME LEÇON.

**NOMENCLATURE CHIMIQUE,
COMPOSITION DE L'EAU, CHARBON,
ACIDE CARBONIQUE.**

PARIS.

L. CURMER,

Rue de Richelieu, 47, AU PREMIER.

ASSOCIATION
POUR L'ÉDUCATION POPULAIRE.

L'Association pour l'éducation populaire, sur le rapport de son comité de rédaction, approuve l'impression de l'ouvrage intitulé **Leçons Élémentaires de Sciences Naturelles** appliquées a l'**Hygiène**, par M. Emm. LE MAOUT. Deuxième leçon : *Nomenclature chimique*, *Composition de l'air*, *Charbon*, *Acide carbonique.*

Paris, le 1er Février 1850.

Le Vice-Président,
D'ALBERT DE LUYNES.

Pour ampliation :

BLOCK,
Secrétaire général.

La **Bibliothèque L. Curmer** est destinée à enserrer dans un vaste réseau de publications *tout* ce qui touche à l'**Enseignement universel**, à l'**Enseignement moral** et à l'**Enseignement élémentaire.** Sous le premier titre, elle abordera toutes les questions qui dérivent de la Constitution ; sous le deuxième, elle comprendra une série d'histoires et de récits instructifs et amusants ; sous le troisième, elle donnera des notions de toutes les sciences.

Elle fait un appel à l'*intelligence*, en la conviant à répandre ses bienfaits sur tous ceux qui ont besoin d'apprendre ; à la *richesse*, en l'engageant à populariser ces petits écrits et à les distribuer avec la profusion qu'ils méritent par leur but et leur importance ; aux *travailleurs*, en leur offrant un moyen sûr et peu dispendieux d'acquérir sans peine toutes les connaissances qni forment l'homme et le citoyen.

Ces petites publications coûteront 10, 20, 30, 40 et 50 centimes, selon le nombre de feuilles de 32 pages, et celui des gravures qui serviront à l'explication du texte.

NOMENCLATURE CHIMIQUE,

COMPOSITION DE L'EAU,

CHARBON,

ACIDE CARBONIQUE.

Dans notre dernière Leçon, nous avons étudié la composition de l'Air et le rôle de l'Oxygène dans la combustion et la respiration. J'ai cherché à vous faire apprécier l'importance hygiénique du renouvellement de l'air, c'est-à-dire, de l'*aération*. C'est un sujet sur lequel je reviendrai plus d'une fois, notamment quand il s'agira des divers moyens de pratiquer l'aération. En ce moment il serait inopportun de vous en entretenir, car cette question ne peut être bien nette pour vous sans quelques notions de Physique, que je vous présenterai en temps et lieu. Il en est de même des propriétés de l'Air, telles que sa *transparence*, ses divers degrés de *densité*, et surtout son *poids*. — Ces propriétés sembleraient, au premier abord, devoir marcher à la suite de l'étude de l'air, considéré dans sa composition.

Mais à mes yeux, l'enseignement le plus élémentaire et le plus utile est celui qui examine, non pas toutes les faces d'une question scientifique, mais seulement celles qui répondent au point de vue de l'auditeur ou du lecteur. Le premier moyen convient aux Savants, qui veulent et peuvent embrasser un ensemble de faits; mais le second est le seul qui vous soit applicable, à vous qui n'êtes pas Professeurs, à vous dont les instants sont comptés, et qui prenez sur vos plaisirs et peut-être sur votre repos le temps que vous passez à nous lire.

Si vous vous êtes rendu compte des expériences que je vous ai présentées dans la dernière séance, il va vous être facile de comprendre et de retenir *la nomenclature chimique*, nomenclature simple et ingénieuse, qui est d'une grande utilité, en ce que les noms qu'elle emploie pour désigner un corps nous révèlent en même temps la composition de ce corps. Je vais vous en indiquer les principes généraux: ce qui vous suffira pour suivre toutes les parties de ce cours, qui ont trait à la chimie.

NOMENCLATURE CHIMIQUE. — Quand le combustible a formé avec l'Oxygène un nouveau corps, de saveur aigre, ce composé prend le nom d'*Acide*, quelle que soit d'ailleurs sa forme solide, ou liquide, ou gazeuse; et c'est à cette faculté *acidifiante* que l'Oxygène doit son nom, dérivé du grec et signifiant *générateur des acides*. Nous verron bientôt que quelques autres corps partagent avec lui cette faculté. Quand ce composé n'est pas de saveur aigre, il prend le nom d'*Oxyde*. Ainsi, la vapeur du Soufre qu'on a brûlé est un Acide; la *rouille* résultant de l'Oxygène combiné avec le Fer est un Oxyde.

L'Acide formé par l'Oxygène et un autre corps prend le nom de ce dernier, auquel on ajoute la terminaison *eux* ou *ique*, suivant la proportion d'Oxygène : ainsi le Phosphore et l'Oxygène forment en se combinant soit l'Acide phosphoreux, soit l'Acide phosphorique; le Soufre et l'Oxygène forment soit l'Acide sulfureux, soit l'Acide sulfurique; l'élément principal du Charbon, que l'on nomme *Carbone*, forme avec l'Oxygène l'Acide carbonique et l'Oxyde de Carbone. — Le Fer et l'Oxygène forment l'Oxyde ferrique ou l'oxyde de Fer.

Les Acides, ainsi formés de deux éléments, peuvent à leur tour se combiner avec d'autres substances ; il en résulte un composé nouveau, ordinairement cristallisé, que l'on nomme *sel*. Tout sel porte deux noms, celui de l'acide et celui de la substance qui s'est combinée avec lui. Cette substance est appelée *base*. Pour former ce double nom, on change la terminaison *ique* en *ate*, ou *eux* en *ite*. L'Acide phosphor*ique* formera donc avec sa base un sel nommé *phosphorate*, et par abréviation *phosphate* ; l'Acide *phosphoreux* formera un sel nommé *phosphorite*, et par abréviation *phosphite*. L'Acide sulfurique formera, avec une base, un *sulfurate*, et par abréviation un *sulfate* ; l'Acide sulfureux formera un *sulfurite*, et par abréviation un *sulfite* ; l'Acide carbonique formera un *carbonate*, etc., etc.

Lorsqu'un corps simple, autre que l'Oxygène, se combine avec une substance, sans former un *acide*, le nouveau composé porte aussi deux noms, celui du premier corps, dont on change la terminaison en *ure*, et celui de la seconde substance avec laquelle il s'est combiné ; ainsi le *Soufre* et le *Fer* forment un *Sulfure de Fer*, le *Phosphore* formera un *Phosphure*, le *Carbone* un *Carbure*, etc., etc.

Voilà, dans la nomenclature chimique, tout ce qu'il vous importe de savoir; ne craignez pas d'oublier ou de confondre ces diverses terminaisons. Il vous suffit, pour le moment, de les *comprendre;* vous ne tarderez pas à les *apprendre* sans vous en apercevoir.

Je ne dois pas omettre quelques détails historiques sur la *découverte* de la composition de l'Air, que je vous ai rapidement exposée dans ma dernière leçon.

Cette découverte est due à Lavoisier, qui périt en 1794 sur l'échafaud révolutionnaire.

Il y avait déjà des siècles que l'on avait constaté que le Plomb et l'Etain, calcinés à l'air libre, et changés en Oxydes (on donnait à ces Oxydes le nom de *chaux*) augmentaient de poids, et des chimistes, parmi lesquels nous citerons Jean Rey, avaient affirmé hardiment que dans cette calcination l'Air était *fixé,* c'est-à-dire qu'il avait perdu son état gazeux, pour se solidifier et entrer dans le métal.

Un pharmacien français, nommé Bayen, qui fit partie de l'Institut de France, avait soumis à une forte chaleur, dans un vase fermé, un métal calciné, c'est-à-dire oxydé; et ce métal qui, à l'état de *chaux,* ne formait qu'une masse terne et poudreuse, avait reparu brillant et liquide (c'était du vif-Argent ou Mercure oxydé qu'on avait pris pour faire l'expérience). Bayen conclut, comme ses devanciers, que l'air *fixé* dans le Mercure s'en était dégagé dans son expérience, mais il en resta là, et crut que cet air était de l'Air ordinaire.

L'Anglais Priestley, à la même époque, refit l'expérience de Bayen, recueillit le gaz, l'étudia, et s'aperçut que les corps allumés qu'on y plongeait y brûlaient avec une flamme des plus vives : il venait de trouver l'Oxygène. Mais cette découverte demeura stérile entre ses mains. Ce fut Lavoisier qui vint la féconder, et mérita par ses beaux travaux d'être nommé le *Créateur de la chimie moderne*. Il soupçonna que l'Air était un composé de plusieurs gaz, et que c'était une portion seulement de l'Air qui était absorbée, quand un métal se *rouillait*, c'est-à-dire s'oxydait. Bientôt il vérifia ses conjectures par l'expérience : il chauffa dans un vase clos une quantité de mercure, soigneusement déterminée, avec un volume d'Air bien mesuré. L'opération dura douze jours. Une portion de l'Air fut absorbée peu à peu par le métal, qui se couvrit d'une poudre rouge. Lorsque cette absorption eut cessé, Lavoisier mesura et examina le gaz qui restait dans le vase ; il vit qu'il était diminué d'un cinquième de son volume ; il vit qu'une bougie, de même qu'un animal, s'éteignaient dans le gaz resté. C'était le gaz *Azote*, dont nous avons parlé ; et le nom qu'il reçut exprime bien ses propriétés négatives, puisque *azote* signifie *non vital*.

Lavoisier fit alors la contr'épreuve : il recueillit avec soin la pellicule rouge qui recouvrait le mercure ; l'ayant chauffée fortement dans un vase fermé, il vit reparattre le métal, et se dégager un gaz qui rendait très vive la flamme d'une allumette : c'était l'Oxygène. Après en avoir mesuré avec soin le volume, il vit que ce volume équivalait au cinquième de la quantité primitive employée dans la première expérience ; cinquième qui avait disparu à mesure que le métal s'était oxydé, et qui avait reparu dans la seconde expérience, forcé par la chaleur de reprendre la forme gazeuse qu'il avait d'abord perdue. L'illustre chimiste fut dès lors en droit de conclure que l'Air atmosphérique renferme, en volume, sur 5 parties, 4 d'Azote et 1 d'Oxygène.

L'Oxygène ne se rencontre jamais *seul* dans la nature à l'état *gazeux* ; il existe dans l'Air atmosphérique, mêlé et non combiné avec l'Azote : à l'état liquide, il fait partie de l'*Eau,* il y est, non pas *mêlé,* mais *combiné* avec un corps nommé *Hydrogène,* dont je vais vous parler tout à l'heure. (La *combinaison* diffère du *mélange* en ce que dans la première plusieurs corps sont intimement unis ensemble, au point que leurs propriétés respectives disparaissent plus ou moins complétement et se neutralisent les unes les autres : dans le mélange, au contraire, les corps conservent leurs propriétés, qui sont seulement affaiblies). A l'état solide, l'Oxygène existe dans toutes les matières végétales et animales, ainsi que dans la plupart des minéraux, combiné avec d'autres corps simples.

L'Azote, à l'état solide ou liquide, fait partie de presque toutes les matières animales et de quelques substances végétales. Vous avez vu qu'à l'état gazeux, joint à l'Oxygène, il forme l'Air atmosphérique. Mais ce qui va vous étonner, c'est que l'*eau forte,* cet acide caustique, qui jaunit et ronge la peau et le bois, est précisément composée d'Oxygène et d'Azote, constituant non pas un *mélange* mais une *combinaison.* Cet acide devra donc s'appeler *Acide azotique.* Il se forme quelquefois dans les orages, sous l'influence de l'électricité atmosphérique : la chaleur de la foudre peut combiner les deux éléments qui dans l'air n'étaient que mêlés, de sorte que la pluie d'orage peut quelquefois être corrosive, rouiller fortement le fer, et même tacher la peau.

Je vous ai dit que Lavoisier périt sur l'échafaud; il fut traduit devant le tribunal révolutionnaire, et condamné comme *suspect*. Pendant la détention qui précéda son supplice, il s'occupa tranquillement de l'impression de son Ouvrage; on l'a imprimé après sa mort, en observant les interruptions et les phrases inachevées. On ne peut lire sans émotion ce livre écrit en face de l'échafaud. On voit que le génie puissant de Lavoisier avait imposé silence aux douleurs de l'âme; mais que les privations et les angoisses de la captivité venaient quelquefois, malgré l'énergie de sa volonté, interrompre la marche de sa pensée.

L'opinion publique lui était favorable; mais, comme il arrive trop souvent, ses amis se reposèrent les uns sur les autres du soin périlleux de solliciter pour lui. On avait espéré que quelques académiciens, ses confrères, feraient auprès du Comité de Salut public des démarches efficaces : la terreur glaça tous les cœurs.

Un seul, parmi ses admirateurs, (c'était le médecin Hallé), osa, dans un Cours public, faire un rapport sur les magnifiques découvertes de Lavoisier et les services rendus par lui à la science. On présenta le rapport au Tribunal révolutionnaire : Lavoisier demanda lui-même un sursis de quinze jours, qui lui permît d'achever des expériences salutaires pour l'humanité; c'étaient ses recherches sur la transpiration, travail de plusieurs années, qui avait été interrompu par son emprisonnement, lorsqu'il promettait les plus beaux résultats. Tout fut inutile, et le coup fatal fut porté le 8 mai 1794; quelques semaines plus tard, le 9 thermidor lui rendait la liberté. Il mourut à l'âge de cinquante ans, dans toute la maturité de son génie. La nouvelle de cette perte fatale frappa de stupeur tout le corps savant. Lagrange dit à Delambre : *Il ne leur a pas fallu une minute pour faire tomber cette tête, et cent ans peut-être ne suffiront pas pour en produire une semblable.*

COMPOSITION DE L'EAU : Etudions maintenant l'Eau, qui était le second élément des anciens, et, tout en permettant aux poètes d'appeler la mer le *liquide élément*, le *terrible élément*, le *perfide élément*, voyons si ce langage est sanctionné par la science.

Il y avait en Angleterre, vers 1766, un jeune homme, fils d'un frère cadet du duc de Devonshire, nommé *Cavendish*; réduit par le droit d'aînesse à une pension exiguë, il s'en consolait en étudiant les Sciences physiques, la géométrie, et surtout la chimie.

Tout à coup, tombe dans son laboratoire un de ces oncles, dont l'espèce est perdue, et que l'on ne retrouve plus qu'au théâtre, où on les voit arriver à point nommé pour tirer d'embarras *leur mauvais sujet de neveu.*

Mais tel n'était pas le neveu dont nous parlons. Il n'y avait chez lui ni dettes à payer, ni folles amours à interrompre. Sa vie était régulière comme les mouvements des sphères célestes dont il observait les évolutions; ses travaux, ses délassements, ses repas, indiquaient à ses voisins les heures et les minutes de la journée aussi exactement qu'un *garde-temps*. Les plaisants du quartier allaient jusqu'à dire qu'il se réglait sur les quadratures de la lune pour changer de linge, et que son tailleur avait ordre de lui apporter deux fois par an, au moment précis de l'équinoxe, un nouvel habit gris, lequel, en dépit de la mode, était invariablement de la même forme et de la même étoffe.

La brusque arrivée de l'oncle à millions ne causa dans les phases de cette existence, toute planétaire, aucune perturbation. Le vieux marin s'indigna de voir son neveu chéri, condamné à une vie étroite et obscure, si peu en rapport avec l'éclat de sa naissance. Cavendish répondit à son oncle qu'il se trouvait assez riche, et que la seule privation qu'il éprouvât était de ne pas pouvoir acheter tous les instruments et matériaux nécessaires à ses études. Son oncle lui donna 300,000 livres de rente. Cavendish, devenu tout à coup immensément riche, ne changea rien à ses habitudes de simplicité et d'économie ; il continua de servir à ses voisins d'horloge et de calendrier ; mais il versa l'or à pleines mains toutes les fois qu'il s'agit d'aider aux progrès des sciences : ce qui ne l'empêcha pas de laisser à sa mort une fortune de 30 millions de francs.

Or, ce Cavendish, qui fut une des illustrations de la chimie du xviiie siècle, détruisit, comme Lavoisier l'avait fait pour l'air atmosphérique, l'erreur qui, depuis tant de siècles, faisait regarder l'Eau comme un élément.

Il plaça dans de l'Eau du Fer en limaille, il y versa de l'Acide sulfurique : aussitôt de nombreuses bulles de gaz s'échappèrent du sein du liquide; il ajusta à l'ouverture du flacon un tube mince, effilé au bout, présenta une allumette enflammée à l'extrémité, et le gaz sortant du flacon forma une flamme analogue à celle d'une bougie, mais moins brillante, qui dura tant que dura le bouillonnement. Il resta dans le flacon un liquide qni, filtré et évaporé, donna des cristaux verts, que l'analyse montra formés d'*acide sulfurique* et d'*oxyde de Fer* (d'après la nomenclature, vous nommerez ce sel *Sulfate de Fer.*)

Ainsi, dans cette mémorable expérience, le *Fer pur* était devenu oxyde de Fer, puis s'était combiné avec l'Acide sulfurique... Où avait-il pris de l'Oxygène pour s'oxyder? — Il n'avait pu en emprunter qu'à l'*Eau.* — D'où provenait le gaz inflammable qui s'était dégagé? — Il ne pouvait venir que de l'Eau. L'Eau contenait donc du gaz Oxygène et du gaz inflammable : ces deux gaz y étaient combinés à l'état liquide. Le Fer et l'Acide sulfurique ayant été mêlés à cette eau, une petite partie de l'Oxygène de l'eau s'était portée sur le fer pour l'*oxyder*, et avait par conséquent abandonné l'autre élément auquel il était uni : cet élément, séparé de son compagnon, avait repris sa forme naturelle, c'est-à-dire l'état gazeux, et s'était échappé du flacon ; puis, étant chauffé par le contact d'une allumette enflammée, il avait pu se combiner avec l'Oxygène de l'Air environnant, et de cette combinaison résultait un dégagement de chaleur et de lumière, c'est-à.dire une flamme.

Cette expérience étant bien comprise de vous, je puis vous demander si la combustion de ce gaz inflammable donnait lieu à la formation d un gaz nouveau : vous me répondrez sans hésiter que, comme l'Eau est composée d'Oxygène et de gaz inflammable, ce gaz inflammable, une fois mis en liberté, et se combinant dans l'atmosphère avec de nouvel Oxygène, doit reformer de l'Eau. Cavendish négligea de remarquer cette circonstance importante ; elle ne fut observée que dix ans seulement après sa découverte ; deux chimistes français, Macquer et Lafont, placèrent une soucoupe de porcelaine au dessus de la flamme de la *lampe philosophique* (c'est le nom de l'appareil imaginé par Cavendish), et ils virent que la soucoupe se couvrait de gouttelettes d'Eau. Cette Eau, d'abord à l'état de vapeur au moment de sa naissance dans la flamme, venait frapper la surface froide de la porcelaine; elle se refroidissait en échauffant celle-ci, et finissait par se condenser à l'état liquide, absolument de la même manière que la vapeur du potage, qui vient frapper le couvercle de la soupière, et se condense en gouttes d'eau, qu'on voit ruisseler lorsqu'on enlève le couvercle.

Bientôt Cavendish imagina de brûler du gaz inflammable avec de l'Oxygène ; il les mêla dans un flacon et y fit passer une étincelle : il obtint de *l'Eau*, et il observa que l'eau obtenue avait précisément le même poids que les deux gaz employés.

Deux ans après que Cavendish eut ainsi composé de l'Eau *de toutes pièces*, Lavoisier fit *l'analyse* ou décomposition de l'eau, c'est-à-dire qu'il sépara, et pesa les deux gaz qui la constituent, de manière à lever tous les doutes sur la composition de ce prétendu élément.

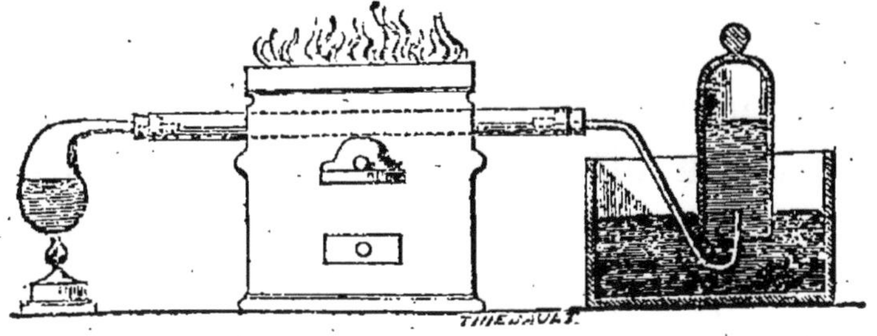

Il dirigea de l'Eau en vapeur sur *un fil*

de Fer placé dans un tube de porcelaine, rougi au feu d'un fourneau ; au bout d'un certain temps, le fil de Fer devint terne et facile à réduire en poussière : c'était de la rouille, ou, en langue chimique, de *l'Oxyde de Fer* ; d'autre part, il se dégagea du tube de porcelaine beaucoup de gaz inflammable, qui fut recueilli, et que l'on put peser.

Ainsi la vapeur d'eau fournit d'abord de l'Oxygène, qui fut retenu par le Fer, avec lequel il se combina, puis du gaz inflammable, qui se dégagea librement.

On put dès lors conclure avec certitude que l'Eau est formée de ces deux gaz, et ce fut à la suite de ces expériences que le gaz, appelé d'abord *gaz inflammable*, reçut le nom *d'Hydrogène*, qui signifie *père ou générateur de l'eau*, comme Oxygène signifie *générateur des acides*. Si donc il vous fallait désigner l'eau d'après la nomenclature chimique vous l'appelleriez *Oxyde d'hydrogène*.

La recomposition de l'eau, faite par Cavendish, a été répétée bien des fois par d'autres chimistes ; il y en eut une célèbre, qui dura cent quatre-vingt cinq heures sans interruption, et produisit un demi-litre d'eau parfaitement pure, laquelle fut déposée au Muséum d'histoire naturelle, où on la conserve encore. Les opérateurs se sont assuré que, sur trois volumes d'Eau, il y en a deux d'Hydrogène et un d'Oxygène.

Vous avez vu, à propos de l'Air, les propriétés particulières de l'Oxygène ; voyons maintenant, à propos de l'Eau, celles de l'Hydrogène. — Outre sa qualité *d'inflammable* (qu'il ne possède pas exclusivement), il est le plus léger des gaz ; il pèse quatorze fois et demi moins que l'Air ; c'est pour cela qu'il est employé à gonfler des ballons. Vous concevez sans peine qu'une *sphère de taffetas* imperméable, remplie de gaz hydrogène, pesant beaucoup moins que tout le volume de l'Air atmosphérique dont elle occupe la place, fera des efforts pour s'élever ; de même qu'un morceau de liége, retenu sous l'eau avec la main, remonte à la surface dès qu'on l'abandonne à lui-même. Je reviendrai sur la question intéressante des aérostats.

L'Hydrogène, faisant partie de l'Eau, entre par conséquent dans la composition de toutes les substances qui contiennent de l'Eau. Or, la plupart des matières végétales et animales *fument*, quand on les brûle, elles renferment donc de l'Eau, et par conséquent de l'Hydrogène ; mais l'Hydrogène ne se rencontre jamais seul dans la nature.

Quant aux propriétés de *l'Eau*, j'aurai occasion de les examiner quand nous parlerons de la nutrition de l'homme. J'en expliquerai seulement une bien connue de tout le monde, c'est celle d'éteindre le feu. — L'Eau éteint le feu, d'abord en s'interposant entre le combustible et l'Oxygène de l'air, mais surtout en refroidissant ce combustible ; ainsi du bois mouillé ne s'enflammera pas, quelle que soit la chaleur qu'on lui applique, parce que cette chaleur sera d'abord employée à l'évaporation de l'eau, et tant qu'il y aura une goutte d'eau, la température ne s'élèvera pas au delà de celle de l'eau bouillante, ce qui est insuffisant pour la combustion du bois.

Mais si l'eau est jetée en petite quantité sur une masse de feu considérable, l'eau se décomposera, et les deux éléments concourront à activer la combustion : l'Hydrogène s'enflammera, et l'Oxygène, se portant sur le combustible, donnera lieu à un redoublement de chaleur et de lumière ; c'est ce que font les forgerons, quand, pour aviver le feu de leurs forges, ils aspergent de quelques gouttes d'eau le charbon allumé.

Vous connaissez maintenant trois corps

simples, l'Oxygène, l'Hydrogène et l'Azote.

CHARBON. — Il est un quatrième corps simple, qui, par ses combinaisons avec les trois éléments que nous connaissons déjà, joue un rôle important dans la formation des végétaux et des animaux : ce corps est le *Carbone*, — mais je dois, pour vous en faciliter la conconnaissance, vous parler d'abord du *Char- bon*, qui n'est que du Carbone plus ou moins impur.

Vous avez quelquefois fait griller du pain devant le feu ; d'abord le pain *fume* : c'est de l'eau qui s'évapore, puis il se dessèche, noircit, et finit par devenir un véritable Charbon. Cette expérience vulgaire vous démontre que le pain est composé (principalement) d'Eau, c'est-à-dire, d'Oxygène et d'Hydrogène ; puis, de Charbon : il en est de même du bois, du sucre, de la gomme et de la plupart des matières animales.

Pour faire le Charbon de bois, on brûle, à l'*étouffée*, des branches d'arbres, de manière que leur eau se dissipe : il reste une matière noire, poreuse, très combustible, qui conserve la forme du bois qui l'a fournie ; on obtient le même résultat en brûlant des os. Vous en conclurez que le Charbon forme la charpente de tous les êtres vivants, soit végétaux, soit animaux.

Un mot maintenant sur les usages du Charbon : vous connaissez le plus important de tous, celui de former à peu de frais un bon combustible; mais il en a d'autres, qui méritent d'être mentionnés.

Le Charbon possède la propriété d'absorber les gaz; c'est ce qui le fait employer comme *désinfectant*. Ainsi, dans les casernes, dans le voisinage des lieux d'aisances, les gaz fétides qui infectent l'air sont absorbés par du Charbon en poudre, que l'on dispose çà et là dans des baquets; mais la source de ces gaz reste toujours la même, et si on ne renouvelle pas le charbon de temps en temps, une fois *saturé*, il ne peut plus rien contre l'infection.

Quand, par une température chaude et humide, et surtout en temps d'orage, les viandes commencent à se gâter, leur odeur disparaît, si on les saupoudre de Charbon, renouvelé d'heure en heure. On peut aussi pour les viandes servant au pot-au-feu, jeter dans la marmite quelques morceaux de Charbon, bien calciné et lavé : la viande sera désinfectée. Il en sera de même pour le bouillon que l'on veut empêcher d'aigrir dans les temps d'orage.

Le Charbon absorbe rapidement les matières colorantes : c'est ce qui le fait employer dans les raffineries, pour obtenir du sucre parfaitement incolore ; on choisit de préférence le Charbon animal, nommé aussi *noir animal*; on peut aussi décolorer en quelques minutes le café, et autres liqueurs colorées, et changer le vin rouge en vin blanc (mais il faut observer que la saveur et surtout l'arôme sont altérés par cette opération, en même temps que la couleur).

Le Charbon animal est précieux aussi en agriculture pour l'amélioration des terres; il sert, d'une part, à diviser l'engrais, et de l'autre il enrichit le sol de *Phosphate de Chaux*, matière pierreuse des os, qui est très utile à la végétation, comme je vous l'expliquerai plus tard.

Les eaux croupies, répandant une odeur infecte, perdent aussi leur odeur au contact du charbon. C'est à cause de cette propriété que l'on a soin de carboniser légèrement à l'intérieur les parois des tonneaux dans lesquels on conserve l'eau douce, pour les voyages maritimes de longue durée.

Enfin, le Charbon est l'agent principal de la purification des Métaux, et il sert à changer le *Fer* en *Acier* : nous reviendrons sur ces importantes propriétés.

ACIDE CARBONIQUE. — Vous savez que la combustion du Charbon, ou, pour mieux dire, du Carbone, qui en est le principal élément, produit un corps nouveau, gazeux, que nous avons d'abord appelé *gaz carbonique ;* ce gaz étant aigre, doit porter le nom d'*acide ;* nous le nommerons donc désormais *Acide carbonique* : étudions ses propriétés.

L'*Acide carbonique* est un gaz incolore, d'odeur et de saveur aigrelette ; il est une fois et demie plus lourd que l'air ordinaire ; il est impropre à la *combustion* et à la *respiration ;* c'est-à-dire que tout combustible s'y éteint, et que tout animal y périt. Voilà pourquoi il est si dangereux d'allumer du Charbon dans une chambre close : tout l'Oxygène de l'air est employé à se combiner avec lui, et bientôt il n'y a plus dans l'appartement que de l'Acide carbonique, et l'Azote de l'air : or ces deux gaz étant, comme vous le savez, impropres à la respiration, l'homme ou les animaux qui y sont plongés sont bientôt *asphyxiés.* Le danger est le même quand, pour ménager la chaleur, on ferme le tuyau d'un poële où il ne reste plus que de la braise : le courant d'air étant intercepté, le poële devient un fourneau ordinaire qui consomme bientôt tout l'Oxygène. Les symptômes de cette asphyxie sont exactement connus : on éprouve d'abord une grande pesanteur et un violent mal de tête, il semble qu'on a les tempes fortement comprimées ; bientôt on éprouve un grand besoin de dormir, ou bien des tintements d'oreille et des éblouissements ; les forces tombent, et l'individu est saisi d'un assoupissement profond, qui le jette dans un état de mort apparente ; si cet état se prolonge, la mort arrive sans agonie.

Quels sont les secours à donner à une personne asphyxiée ? — La première chose à faire, c'est de l'exposer au grand air, puis, s'il ne se ranime pas, il faut lui insuffler de l'air atmosphérique dans les poumons, opérer des frictions stimulantes avec une flanelle ou une brosse trempée dans de l'esprit-de-vin, administrer des lavements purgatifs ; enfin pratiquer la saignée.

La respiration des animaux, et la combustion des substances charbonneuses, ne sont pas les seules sources d'Acide carbonique qui existent dans la nature : l'Air atmosphérique en contient environ un millième de son poids ; vous connaîtrez bientôt le rôle important que ce *millième* remplit dans la nutrition des végétaux, et par conséquent dans celle des animaux.

On rencontre l'Acide carbonique en bien plus grande quantité dans certaines cavités, dans les puits profonds, dans l'intérieur des mines et des carrières; comme il est plus lourd que l'air, il s'accumule dans les régions inférieures de ces cavités, et lorsque les mineurs y descendent, ils respirent avec peine, où sont asphyxiés; la lumière de leurs lampes y languit ou s'éteint. Au moyen-âge, on croyait que c'étaient des farfadets ou des gnomes, gardiens des trésors enfouis dans les entrailles de la terre, qui éteignaient les lampes pour décourager les mineurs. Pendant les guerres de religion, les sectaires étaient accusés d'empoisonner les puits; et les juifs et les protestants ont souvent expié par une mort violente les maléfices de l'Acide carbonique...

Il y a dans le Vivarais un puits que l'on nomme le *Puits de la poule*, parce qu'en y faisant descendre une poule suspendue à une ficelle, on la retire morte au bout de quelques secondes.

Les cavités des terrains calcaires, les *marnières* sont remplies de gaz Acide carbonique: voilà pourquoi les caves de Paris qui avoisinent les carrières de Montrouge se remplissent de ce gaz: aussi faut-il se garder d'y descendre, sans certaines précautions; par exemple, sans porter d'abord devant soi une lumière, en guise d'avant-garde ou de sentinelle perdue: si la lumière conserve son éclat, c'est que l'air est respi rable, si la lumière s'affaiblit et s'éteint, c'est qu'il y a danger.

Mais quand il s'agit de retirer de ces cavités un malheureux qui va y être asphyxié, il faut d'abord y envoyer un liquide qui puisse absorber rapidement et neutraliser l'Acide carbonique : ce liquide est l'eau dans laquelle on a éteint et délayé de la chaux vive ; on lance *ce lait de chaux* avec une seringue ou un arrosoir, ou une pompe ; l'Acide carbonique forme avec la chaux un carbonate, et cesse dès lors d'être nuisible. Après quelques instants, on envoie la chandelle allumée, pour s'assurer de l'absorption du gaz délétère, et si elle ne s'éteint pas, on peut entrer dans le souterrain.

Il y a en Auvergne, près de la ville d'Aigueperse, un lieu nommé la *Fontaine empoisonnée* ; c'est un trou, d'où il sort continuellement une énorme quantité de gaz ; quand les eaux pluviales s'y sont accumulées, le gaz se dégage en bouillonnant à leur surface ; les abords de cette fosse pernicieuse sont jonchés de cadavres d'oiseaux, de petits quadrupèdes et d'insectes ; mais une végétation luxuriante en décore le pourtour ; et j'aime à penser que vous savez pourquoi : rappelez-vous ma première Leçon.

La plus curieuse source d'Acide carbonique est la *Grotte du chien*, située sur la route de Naples à Pouzzole, en face du lac d'A-gnano, sur le penchant d'une montagne ex-trêmement fertile. Cette excavation est large de 3 pieds, sa hauteur de 4 pieds et demi, et sa profondeur de 9 ; le sol en est terreux, noir, humide et brûlant ; de petites bulles crèvent à sa surface, et laissent échapper un gaz qui se réunit en un nuage blanchâtre : c'est de l'Acide carbonique, coloré par un peu de vapeur d'eau ; cette source coule hors de la grotte, et forme un ruisseau ga-zeux, qui descend le long du sentier de la montagne ; on peut suivre le courant, et le reconnaître au moyen d'une bougie, qui s'y éteint, à plusieurs toises de la grotte. Si un homme entre dans la grotte, il y est plongé jusqu'aux genoux, sans s'en apercevoir ; mais si un chien y pénètre, comme il a le museau peu élevé au dessus du sol, il respire un gaz non vital, et meurt bientôt asphyxié ; si on le traîne dehors, avant qu'il ait expiré, il reprend peu à peu ses sens, se redresse sur ses pattes, et se remet à courir et à gambader.

Ce phénomène naturel était connu des Romains ; Tibère voulut l'observer ; mais comme le spectacle de l'agonie d'un chien était pour lui un plaisir insipide, il y fit étendre deux esclaves, qui périrent sur le champ.

Aujourd'hui cette grotte est fermée par une porte dont un gardien a la clef; quand il la montre aux visiteurs, il attache son chien par les pattes, et le dépose au milieu de la grotte; le chien se débat, et paraît bientôt expirant; son maître alors l'emporte au grand air, lui délie les pattes, et l'animal revient peu à peu à la vie; puis, tout à coup, il se lève et se sauve à toutes jambes, comme s'il redoutait une seconde séance. Le chien que le docteur James (à qui nous empruntons ces détails) a vu, en 1843, asphyxier et désasphyxier plusieurs fois, *faisait le service* de la grotte depuis trois ans, et sa santé générale était excellente; il paraît toutefois que ce régime ne lui plaisait que médiocrement : « Du plus loin qu'il aperçoit un étranger, dit le voyageur que nous citons, il devient triste, hargneux, aboie sourdement, et est tout disposé à mordre; il faut que son maître le tienne en laisse pour le conduire à la grotte, encore se fait-il traîner en baissant la queue et les oreilles; quand, au contraire, l'expérience étant finie, l'étranger s'en retourne, il l'accompagne avec tous les témoignages de la joie la plus vive et la plus expansive.»

L'Acide carbonique se trouve aussi dans la nature à l'état *solide*, combiné avec certaines bases, et surtout avec la *Chaux*. Le *Carbonate de chaux* est un sel très répandu, et constituant d'immenses terrains : Paris est bâti avec du carbonate de chaux.

Ce sel est employé par les chimistes pour obtenir de l'Acide carbonique pur : il suffit pour cela de verser sur du marbre ou de la craie un acide quelconque, fût-ce du vinaigre ou du suc de citron. L'Acide carbonique étant le plus faible des acides, cède à l'instant sa place à l'acide nouveau, qui s'empare de la base, et forme avec elle un nouveau sel; l'Acide carbonique reprend sa forme gazeuse, et il devient facile d'observer ses propriétés : si, au moyen d'un tube adapté au flacon dans lequel il se dégage, on le fait arriver dans un bocal ouvert, il déplace l'air, qui est beaucoup moins lourd que lui, et ne tarde pas à remplir le vase; on peut alors considérer ce vase comme une *Grotte du chien*, dans laquelle on plonge une bougie, qui s'y éteint, ou un petit animal, qui ne tarde pas à y expirer.

Que deviendrait Paris si, pendant quelques mois, il tombait sur ses édifices une pluie acide? Les pierres se dissoudraient bientôt, et un immense lac gazeux d'Acide carbonique s'écoulerait dans le bassin qu'occupe la capitale.

L'Acide carbonique existe à l'état liquide dans les eaux minérales mousseuses, telles que l'eau de Seltz, l'eau de Spa, l'eau de Vichy, qui lui doivent une partie de leurs propriétés médicinales.

Enfin l'Acide carbonique se produit dans la fermentation des liqueurs spiritueuses, telles que la bière, le vin, le cidre, le poiré. Nous reviendrons plus tard sur le phénomène de la fermentation spiritueuse, en attendant, vous comprendrez sans peine, que ces sucs végétaux contenant du Carbone et de l'Oxygène à l'état liquide, il suffit que le suc se décompose, pour que ces éléments se combinent à l'état gazeux : voilà pourquoi la bière, le cidre, le poiré, sont mousseux; voilà pourquoi il y a du péril à s'approcher des caves de vignerons et de brasseurs pendant la fermentation, quand ces caves sont placées dans des lieux clos.

— Qu'est-ce maintenant que le *Carbone*?

— C'est du Charbon à l'état de pureté ; or jamais le Charbon ordinaire n'est pur ; le Charbon végétal contient, outre le Carbone, de l'Hydrogène ; le Charbon animal contient de l'Azote, de sorte que ni l'un ni l'autre ne fourniront avec l'Oxygène, de *l'Acide carbonique* pur. Il n'y a dans la nature que deux substances qui jouissent de cette propriété : ces deux substances sont identiques dans leur composition, mais bien différentes par leurs propriétés physiques.

La première est connue sous le nom de *plombagine,* et c'est avec elle que l'on fabrique les crayons ; la seconde est de tous les corps le plus dur, le plus brillant, le plus inaltérable, et le plus précieux par sa rareté : on la connaît sous le nom de *Diamant.* C'est par son histoire que je commencerai la prochaine leçon.

Imp. de MAULDE et RENOU, rue Bailleul, 9 et 11.

MEMBRES DE L'ASSOCIATION POUR L'ÉDUCATION POPULAIRE.

Président. — M. **Dufaure**, représentant du Peuple, ancien Ministre de l'Intérieur.
Vice-présidents. — d'**Albert de Luynes**, représ. du Peuple, membre de l'Institut.
— **Villermé**, membre de l'Institut.
— **Ch. Rémusat**, représentant du Peuple, membre de l'Institut.
— **Vivien**, conseiller d'État, membre de l'Institut.
Secrétaire génér. — **Block** (Maurice), membre corresp. de la Société nation. et centr. d'agriculture.
Vice-secrétaires. — **A. Legoyt**, ancien chef de bureau au ministère de l'Intérieur.
Trésorier. — **Lebeuf** (Louis), représ. du Peuple, banquier, régent de la Banque de France.
Agent général. — **L. Curmer.**

COMITÉS

d'Administration,	**d'Examen et de Rédaction,**	**de Propagande.**
Président. M. **Freslon**, ancien représ. du Peuple, avocat général à la Cour de cassation, ancien ministre de l'Instruction publique.	M. l'abbé **Le Dreuille**, aumônier du Val-de-Grâce.	M. **Adam** (Edmond), ancien conseiller d'État, ancien secrétaire général de la préfecture de la Seine.
Vice-Présid. **Baroche**, représent. du Peuple, procureur général près la Cour d'appel de Paris.	**Hauréau** (Barth.), ancien représ. du Peuple, conservateur des manuscrits à la Biblioth. nationale.	**Saint-Amour**, ancien représentant du Peuple.
Secrétaire. **Paulmier**, représ. du Peuple.	**Lechevalier** (Victor), ancien officier supérieur d'artillerie.	**Cerfberr de Medelsheim**, ancien employé supérieur des prisons.
Vice-Secrét. E. **Julien**, chef de bureau au minist. de l'Agricult.	**Trianon**, bibliothécaire de Sainte-Geneviève.	

M. Andral (Paul).
Arnaud, de l'Ariége, représ. du P.
Audiat (le docteur), inspecteur général de 1re classe des prisons.
Aubert-Hix, professeur au lycée Descartes.
Barbier (Auguste).
Bauchart (Quentin), représ. du P.
Berger, représentant du Peuple, préfet de la Seine.
De Bervanger, supérieur-fondateur de l'œuvre de Saint-Nicolas.
De Beaumont (G.), représ. du P.
Blanche, conseiller de Préfecture de la Seine.
De Bretignères de Courteilles, fondateur de Mettray.
Coquerel (A.), représent. du P.
De Corcelles, représ. du Peuple.
Cousin, membre de l'Institut.
Doré, fondateur de l'institution des cours gratuits pour les ouvriers du faubourg S.-Marceau.
Duvergier de Hauranne, ancien représentant du Peuple.

M. Felmann, chef de bureau au ministère de la Guerre.
Gillon (P.), représ. du Peuple.
Grun, rédacteur en Chef du *Moniteur.*
Guibout (Léon), avocat à la Cour d'appel de Paris.
Guérin-Méneville, membre de la Société d'agriculture.
Guichard, ancien représ. du P.
Jeanron, directeur général des Musées nationaux.
Jomard, membre de l'Institut.
Laferrière, inspecteur général de l'ordre du Droit.
De Lasteyrie (J.), représ. du P.
Leclerc (Louis).
Le Maout, prof. d'Hist. naturelle.
Lucas, aide-naturaliste au Muséum d'Histoire naturelle.
Macé (A.), professeur d'Hist. de la Faculté des Lettres de Grenoble.
De Melun, représent. du Peuple.
Mérigot-Rochefort, avocat à la Cour d'appel de Paris.

M. Mimebel (A.), président du Conseil général des manufactures.
Moriceau, avocat à la Cour d'appel.
Oudinot (le général), représentant du Peuple.
Pereire (Isaac), administrateur du chemin de fer du Nord.
Pillet (Gustave), chef de division au minist. de l'instruct. publique.
Saint-Marc Girardin, membre de l'Institut.
Say (Horace), conseiller d'État.
Sevin, avocat général à la Cour de cassation.
Sibour (l'abbé), vicaire général du diocèse de Paris, archidiacre de Notre-Dame.
De Tocqueville (Alexis), représentant du Peuple.
Tourneux, chef de bureau au ministère des Travaux publics.
Troplong, premier président de la Cour d'appel de Paris.
De Watteville, inspecteur général des établissem. de bienfaisance.

www.ingramcontent.com/pod-product-compliance
Ingram Content Group UK Ltd.
Pitfield, Milton Keynes, MK11 3LW, UK
UKHW021155140726
13695UKWH00005B/2152